W0289394

Karin Rottmund-Dreyer

Herbstlich bunte Fensterbilder

ENGLISCH VERLAG

Die Deutsche Bibliothek – CIP-Einheitsaufnahme
Herbstlich bunte Fensterbilder / Karin Rottmund-Dreyer. – Wiesbaden: Englisch, 1998
ISBN 3-8241-0837-2

© by Englisch Verlag GmbH, Wiesbaden 1998
ISBN 3-8241-0837-2
Alle Rechte vorbehalten. Nachdruck, auch auszugsweise, verboten.
Fotos: Frank Schuppelius
Printed in Spain

Die Ratschläge in diesem Buch sind von Autorin und Verlag sorgfältig erwogen und geprüft, dennoch kann eine Garantie nicht übernommen werden. Eine Haftung der Autorin bzw. des Verlages und seiner Beauftragten für Personen-, Sach- und Vermögensschäden ist ausgeschlossen. Eine gewerbliche Nutzung der Vorlagen und Abbildungen ist verboten und nur mit ausdrücklicher Genehmigung des Verlages gestattet.

Vorwort

Herbstzeit ist Bastelzeit. Wenn es draußen anfängt ungemütlich zu werden, macht es doppelt soviel Spaß zu basteln. Deshalb hoffe ich, dass Sie Freude an den herbstlich bunten Fensterbildern haben und diese Ihr Heim verschönern.

Die Motive sind groß, relativ einfach zu arbeiten und sehr wirkungsvoll. Die Fensterbilder geben die ganze Farbenpracht des Herbstes wieder. Vom Blätterkranz über Obstkörbe bis zur Vogelscheuche ist alles dabei. Der Herbst kann also kommen!

Viel Spaß beim Basteln wünscht Ihnen

Ihre Karin Rottmund-Dreyer

Material und Werkzeug

Zum Basteln der hier vorgestellten Fensterbilder benötigen Sie folgendes Material und Werkzeug:

- Pauspapier oder weißes Transparentpapier
- Fotokarton in verschiedenen Farben (190 g/m^2, 300 g/m^2)
- strukturiertes Papier (160 g/m^2)
- Bleistift
- Bastelkleber (Weißleim ohne Lösungsmittel)
- Schere
- Cutter (zum Ausarbeiten der Feinheiten)
- Schneideunterlage

Bastelanleitung

1. Lösen Sie die Vorlagebögen aus dem Buch und legen Sie das Paus- oder Transparentpapier auf das ausgewählte Motiv. Zeichnen Sie die Umrisse des Motivs mit Bleistift nach und schneiden Sie schließlich das abgepauste Motiv aus.

2. Zum Übertragen der Motive auf den Fotokarton sollten Sie sich Schablonen anfertigen. Kleben Sie das ausgeschnittene Motiv auf einen festen Karton und schneiden Sie entlang der Linien die Schablone aus.

3. Nun können Sie die Schablone auf den farbigen Fotokarton legen, die Umrisse mit Bleistift vorzeichnen und das Motiv ausschneiden.

4. Schneiden Sie die großen Motive mit einer Schere aus, für die Feinarbeiten in den Motiven sollten Sie jedoch einen Cutter und eine gute Unterlage verwenden.
Erst nachdem die Feinarbeiten beendet sind, werden die Teile zusammengeklebt.

1. Kürbisreihe

Material

- Fotokarton in Gelb, Orange und Beige
- Schere und Cutter
- Klebstoff

Anleitung

Schneiden Sie den großen und den mittleren Kürbis je 1-mal aus, den kleinen Kürbis 3-mal und den Mini-Kürbis 5-mal.

Anschließend werden die Innenschnitte mit dem Cutter herausgetrennt und die Kürbisse aneinander geklebt.

Fangen Sie mit dem großen Kürbis an und kleben Sie nach vorne und zur Seite die immer kleiner werdenden Kürbisse daran.

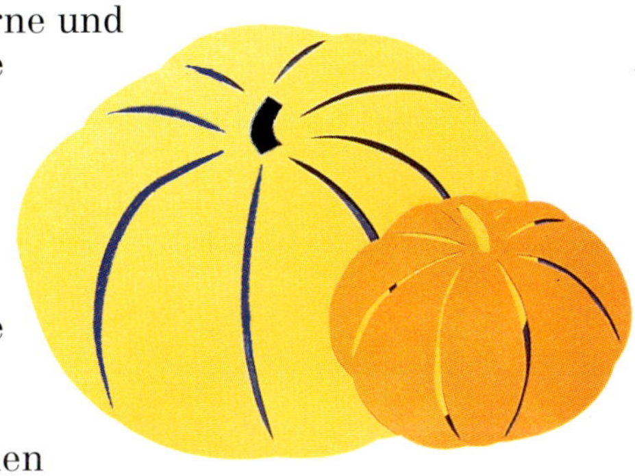

Sie können die Kürbisreihe beliebig mit weiteren Kürbissen verlängern.

2. Bunter Blätterkranz

Material
- Fotokarton in Gelb, Orange, Grün, Hellbraun, Rotbraun und Dunkelbraun
- Schere und Cutter
- Klebstoff

Anleitung
Dieser Kranz besteht aus insgesamt 33 Blättern. Es sind 14 verschiedene Blätterformen. Schneiden Sie folgende Blätter aus: 1-mal Blatt B, C, L, K, M und O, 2-mal Blatt A, E, F, J, L und N, 3-mal Blatt D und J sowie 5-mal Blatt G und H. Anschließend malen Sie sich einen Kreis mit einem Durchmesser von 32 cm auf einem Blatt Papier auf. Dieser Kreis dient zur besseren Orientierung.
Darauf verteilen Sie nun die 33 Blätter und kleben sie nacheinander zusammen.

3. Kranz aus Eichenblättern

Material
- Fotokarton in Orange, Dunkelgrün, Hell-, Mittel- und Dunkelbraun
- Schere und Cutter
- Klebstoff

Anleitung

In diesem Kranz sind 4 verschiedene Blattformen enthalten und er besteht aus insgesamt 53 Blättern. Schneiden Sie 14-mal Blatt M und je 13-mal Blatt N, O und P aus. Malen Sie sich auf einem Blatt Papier einen Kreis mit 35 cm Durchmesser auf, damit Sie sich leichter orientieren können. Anschließend verteilen Sie die Blätter auf diesem Kreis und kleben sie nacheinander zusammen.

4. Sonnenblumenbogen

Material
- Fotokarton in Gelb, Dunkelbraun, Hell-, Mittel- und Dunkelgrün
- Schere und Cutter
- Klebstoff

Anleitung
Schneiden Sie 1 große, 2 mittlere und 2 kleine Sonnenblumen aus, ebenso 6-mal das Blatt Q, 7-mal Blatt R, 3-mal Blatt S und 7-mal Blatt T. Kleben Sie nun die Sonnenblumen bestehend aus 3 Teilen zusammen und knicken Sie die innere Blattreihe leicht nach oben. Anschließend werden die Blätter von der Mitte ausgehend zu einem Bogen gelegt und aneinander geklebt. Zum Schluss kleben Sie die Sonnenblumen auf die Blätter. Das Fensterbild mit zwei Sonnenblumen, bestehend aus der kleineren und der mittleren Blüte, 3-mal dem Blatt Q, 2-mal Blatt R und 3-mal Blatt S, wird entsprechend gearbeitet.

5. Igel im Laub

Material

- Fotokarton in Gelb, Orange, Grün, Hellbraun, Rot- und Dunkelbraun
- Schere und Cutter
- Klebstoff

Anleitung

Schneiden Sie die Blätter B, D, J, M und P 1-mal, das Blatt G 2-mal und die Blätter C und J 3-mal aus. Der Igel wird 2-mal ausgeschnitten.

Die Rasenfläche ist dieselbe wie bei dem Motiv „Pilzkorb auf der Wiese“ (siehe Seite 10).

Anschließend werden die Einzelteile gemäß der Abbildung zusammengeklebt.

6. Pilzkorb auf der Wiese

Material

- Fotokarton in Gelb, Dunkelgrün, Beige, Hellbraun, Mittelbraun, Rotbraun und Dunkelbraun
- Schere und Cutter
- Klebstoff

Anleitung

Schneiden Sie für den Pilzkorb 4-mal Pilz A und B aus, 5-mal Pilz C sowie 1-mal Pilz D und E.

Für die Pilze neben dem Korb benötigen Sie 2-mal Pilz A, 6-mal Pilz B und 6-mal Pilz C.

Verteilen Sie nun die Pilze auf dem Rasenstück und in dem Korb und kleben Sie zuletzt den Griff auf.

7. Fliegenpilze

Material

- Fotokarton in Dunkelgrün, Beige, Weiß, Rot, Hell- und Dunkelbraun
- Schere und Cutter
- Klebstoff

Anleitung

Schneiden Sie die beiden Fliegenpilze, die Wiese sowie den Igel aus und kleben Sie alle Teile der Abbildung entsprechend zusammen.

8. Drachen

Material

- Fotokarton in Gelb, Hell- und Dunkelorange, Hellrot und Rot
- 1 Wollfaden
- Schere und Cutter
- Klebstoff

Anleitung

Schneiden Sie den Drachen sowie die 8 Schleifen aus. Ziehen Sie den Wollfaden mit einer Nadel durch 6 Schleifen hindurch und befestigen Sie diesen am Drachen.

Die zwei anderen Schleifen werden rechts und links am Drachenkopf festgeknotet.

9. Vogelscheuche

Material

- Fotokarton in Gelb, Rotbraun, Hellbraun, Dunkelbraun, Rot, Orange, Hell- und Dunkelgrün
- Schere und Cutter
- Klebstoff

Anleitung

Schneiden Sie die Einzelteile der Vogelscheuche aus und kleben Sie diese gemäß der Abbildung zusammen.
Zum Schluss werden die bunten Flicken aufgeklebt.
Am Fenster können Sie um die Vogelscheuche herum noch viele, im Herbstwind tanzende Blätter anbringen.

10. Vogelhäuser

Material

- Fotokarton in Rot, Gelb, Hell- und Dunkelbraun sowie Grün
- Schere und Cutter
- Klebstoff

Anleitung

Schneiden Sie alle Einzelteile aus und machen Sie die Innenschnitte an den Vögeln und Häuschen mit dem Cutter. Dann werden die Vogelhäuschen der Abbildung entsprechend zusammengeklebt.

11. Apfelkorb mit Igel

Material

- Fotokarton in 3 verschiedenen Rottönen, Dunkelgrün, Hell- und Dunkelbraun
- Schere und Cutter
- Klebstoff

Anleitung

Schneiden Sie 10 Äpfel in drei verschiedenen Rottönen, einen Igel sowie einen Korb und ein Rasenstück (siehe Seite 10: Anleitung „Pilzkorb auf der Wiese“) aus.

Die Innenschnitte bei dem Igel und beim Korb lassen sich am leichtesten mit dem Cutter ausführen.

Kleben Sie anschließend die Teile, wie auf der Abbildung zu sehen, zusammen. Der Igel trägt einen Apfel auf seinem Rücken davon.

12. Birnenkorb

Material

- Fotokarton in Gelb, Hellgrün, Dunkelgrün, Beige, Hell- und Dunkelbraun
- Schere und Cutter
- Klebstoff

Anleitung

Schneiden Sie 14 Birnen in verschiedenen Grüntönen und in Gelb sowie einen Korb (siehe Anleitung „Pilzkorb auf der Wiese") aus. Anschließend werden die Birnen in den Korb geklebt, der Henkel wird darüber geklebt und 3 Birnen werden vor dem Korb platziert.